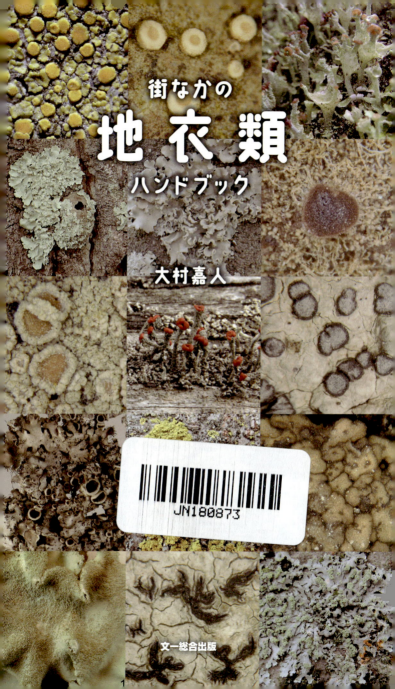

街なかの 地衣類 ハンドブック

大村嘉人

文一総合出版

街なかの"小宇宙"を探検しよう!

　都市部の自然は、見慣れてしまって一見すると面白みがないと感じるかもしれません。しかし、木の幹や古いコンクリートなどに近づいてみると、今まで気づかなかった地衣類が織りなす"別世界"を新たに発見できるかもしれません。

　地衣類は私にとって小宇宙のような存在です。子どもの頃、天体観望に夢中だった私は、毎晩のように月のクレーターを望遠鏡で眺めていました。その後、天文学者への道は目指しませんでしたが、高校の恩師の影響もあって生物学の分野へ進み、大学で初めて地衣類を知りました。実体顕微鏡で様々な標本を見せてもらっているうちに、なんと月面クレーターのような色と形の地衣類に出会ったのでした！　地衣類は今までに視界に入っていたはずなのに、この"宇宙"に気がつかなかった自分にも驚きました。しかも共生体！　南極や砂漠などの極限環境にも生きている！　など不思議な性質にも好奇心をかき立てられ、その日から地衣類の勉強をしていこうと決めたのでした。

　皆さんが地衣類を"宇宙"と思うかどうかはさておき、その存在を知ると今まで見ていた景色が違う世界に見えてくるかもしれません。共生体と聞くと、秘境に生えている特殊な生き物のように思うかもしれませんが、街なかにも様々な種類を見つけることができます。本書は、街なかの地衣類の一部の紹介ではありますが、皆さんにとっての"別世界"の入り口へご案内できると思います。

一見するとありふれた都市部の風景にしか見えないが、そこには・・・。

地衣類は私にとって小宇宙！　本物の月の表面（左）と地衣類のイワニクイボゴケ（右）。

地衣類とは

　地衣類は、外見や生育環境がコケ植物に似ているものがあり、名前に「○○ゴケ」と付けられているものも多いため、両者が混同されることがしばしばあります。しかし、地衣類の体を薄く切って顕微鏡で観察してみると、その体が菌糸と藻の細胞から構成されており、コケ植物の組織とはまったく異なることが分かります。地衣類は菌類に所属しますが、藻類と共生して「地衣体」と呼ばれる特別な構造体を作る点で、他の菌類とは異なっています。

　共生している藻類は、緑藻であることがほとんどですが、シアノバクテリア（＝藍藻）である場合や、緑藻とシアノバクテリアの両方が共生している場合もあります。

　地衣類の体を構成する菌類は、藻類が作る光合成産物を栄養として利用します。一方で、菌類は藻類にとって、いわば「住み家」を提供し、藻類を乾燥や紫外線から守っています。このように菌類と藻類はお互いに利益のある「共生」の関係で成り立っているのです。

地衣類とコケ植物の体の組織の違い。上：地衣類（クロムカデゴケ）とその断面。下：コケ植物（コツボゴケ。同定：樋口正信）とその葉の細胞。

地衣類の多様性

　地衣類は、熱帯から極域にかけての海岸から高山まで分布しており、地球の全陸地の約6％を被っていると見積もられています。土や岩石、樹皮、あるいはコンクリートや屋根瓦といった人工構造物など、様々な基物に着生し、生葉上に地衣類が生育することもあります。日本で約1,800種が知られており、世界では3万種以上と推定されています。それらのほとんどは子嚢菌門（しのうきんもん）に所属しますが、担子菌門（たんしきんもん）に所属するものもわずかにあります。

様々な環境・基物に生育する多様な地衣類。多くの地衣類は「ほとんど動かず」、「古い」基物上に生える。

地衣類と間違われやすい生き物

　地衣類と間違われやすい生き物の代表は、先にも述べた通りコケ植物です。コケ植物は蘚類・苔類・ツノゴケ類に分類されますが、いずれも地衣類っぽい形の種があります。その他に、スミレモやクロレラなどの緑藻類、イシクラゲなどのシアノバクテリア（＝藍藻類）、きのこ類、カビ類、変形菌類などもしばしば地衣類と間違われます。コケの語源は"小毛"や"木毛"にあると言われています。貝原益軒著の『日本釈名』（1700年）によると「苔」は「小毛なりこまかにして毛乃ごとし」とあります。木や岩の表面についている小さな毛のようなものを総称して「こけ」と呼んでいたのでしょう。したがって、そのような「こけ」っぽい生き物は地衣類と間違われるかもしれません。

蘚類（ヒナノハイゴケ）　　苔類（ヤスデゴケ）　　ツノゴケ類

スミレモ類（スミレモ）　　シアノバクテリア（イシクラゲ）

緑藻類（アパトコッカス・ロバータス）　　きのこ類（カワラタケ）　　変形菌類

地衣類の形態

　地衣類はその形から、葉状地衣類、樹枝状地衣類、固着地衣類に大まかに分けることができます（さらに鱗状地衣類などを区別することもあります）。地衣類の種類を見分けるためには、地衣体の形や色、生殖器官（有性生殖器官、栄養繁殖器官）、地衣体の表面構造（マキラの有無、光沢）、付属器官（シリア、偽根）などの形態的特徴も詳しく調べる必要があります。

　しかし、都市部では大気汚染などのために十分な大きさに成長できずに、種の特徴が分かりにくくなっている個体もあるので、注意深く観察することが大切です。

地衣体　地衣類が作る体のこと。

葉状地衣類　　**樹枝状地衣類**　　**固着地衣類**

（子器／裂片／子器／盃／子柄／鱗葉／基本葉体／子器）

子器　子嚢胞子が作られる器官。

裸子器
盤状となる子器。菌類の子嚢盤と同義。

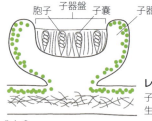
（胞子／子器盤／子嚢／子器托）

レキデア型
子器の縁は黒褐色で、共生藻を含んでいない。

レカノラ型
子器の縁に共生藻を含む。

ビアトラ型
子器の縁は黒褐色とならず、共生藻を含んでいない。

被子器
フラスコ状となる子器。菌類の子嚢殻と同義。

（孔口）

偽根のタイプ

単一、不規則型　スカロース型　二叉分枝型

地衣体表面の構造および付属器官

　地衣体背面の皮層は、平滑な場合や皺がある場合の他、マキラ、偽盃点、粉霜など特徴的な構造が見られることがあります。種を同定するときにはそれらの構造もしっかり観察しましょう。

マキラ
地衣体表面の細かい網目状模様。皮層直下の共生藻の分布がパッチ状になり、共生藻がない部分が白くなっている。

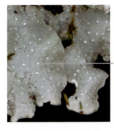

偽盃点
髄層に通じており、ガス交換の器官と考えられている。形は点状、線状など。

粉霜
修酸カルシウムが析出した結晶であることが多いが、地衣類の含有成分の析出や皮層表面の細かい剥離などによっても生じる。

シリア
地衣体裂片の縁から生えるマツゲ状の器官。

地衣類の繁殖

　地衣類の殖え方には大きく分けて二つあります。一つ目は、子器で作られた胞子が散布され、現地で適合する藻類を獲得して、新たな地衣体となる方法です。適合する藻類は他の地衣類の共生藻から獲得されることも多々あります。二つ目は、栄養繁殖による方法です。この場合は、菌類と藻類が最初からセットになっているために、適合するパートナーを現地で探す必要がなく、環境が整っていれば新たな地衣体へと育つことができます。栄養繁殖器官には、裂芽、粉芽、パスチュールなどがあります。

裂芽
形は指状、サンゴ状など。表面は皮層で被われる。

粉芽
粉状、顆粒状など。表面に皮層はない。粉芽は粒の一つ一つを指し、粉芽の集合体を粉芽塊（＝ソラリア）と呼ぶ。

パスチュール
泡がはじけたようになる。のちに粉芽化することがある。

ルーペを使おう！

　地衣類観察を楽しんだり、野外で種類を見分けるためにはルーペがあると大変便利です。倍率は10–15倍程度が良いでしょう。レンズの口径が大きい方が明るくて見やすくなります。LEDライト付ルーペだと暗い場所でも快適に観察できます。ルーペにヒモを通して首からかけておくと観察の際に便利です。

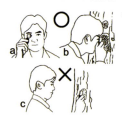

ルーペの使い方
a. ルーペを眼の近くに固定。眼への負担を少なくするために両目を開けて観察する。
b. 対象物に顔を近づけてピントを合わせる。
c. 手相鑑定士のようにルーペを離して見ると、性能が発揮されない。

携帯電話のカメラのレンズ部分にルーペを押し当てると、手軽に地衣類のマクロ撮影が楽しめる。

呈色反応

　地衣類の名前を正確に調べるためには、顕微鏡による形の観察の他に呈色反応や化学成分の検出（→p.69）が必要になることもあります。呈色反応に用いる試薬は一般家庭では入手困難なものがほとんどですが、次亜塩素酸ナトリウムを主成分とする液体塩素系漂白剤（"花王ハイター"など）は容易に入手できます。本書では漂白剤を用いた呈色反応（C反応）を紹介します。

準備
- C液：新しい液体塩素系漂白剤を水で3倍程度に薄める。C液は古くなると白い沈殿が生じて、C反応が起こらなくなってくるので、新しい液で反応を見るようにする。本書では、おもに髄層中のレカノール酸やジロフォール酸の存在を確かめるために用いる。
- 炭素鋼カミソリ："フェザー替刃青函両刃"が良い（通信販売で購入可能）。写真のように折って使う。
- ガラス棒または串など：C液を髄層部に付けるために使用。

地衣体の髄層をカミソリで露出させる。

液をつけて反応を見る（C反応）。反応がない場合には"C−（髄層）"、赤く変色した場合には"C＋赤色（髄層）"のように記録する。

都市部の地衣類

　本書で扱う地衣類は、おおむね「太平洋ベルト」と呼ばれる茨城県付近から九州北部にかけての工業地帯付近、および植生区分では常緑照葉樹林帯の範囲内に入る低地の都市部で見られるものを対象としています。そのような環境には、工場地域やオフィス街、住宅地、寺院、公園、道路沿いなどが含まれています。

　それらの場所で、「動かない古い基物」があれば大抵そこには何らかの地衣類を見つけることができるでしょう。しかし、都市部では大気汚染や乾燥化などのストレスに曝されるため、生育できる種が限定されてきます。特に肉眼で確認できる大きさの葉状や樹枝状の地衣類（＝大型地衣類）は影響を受けやすく、大気汚染がひどかった高度成長期の頃には都市部から消滅してしまいました（このような状態を「地衣砂漠」といいます）。その後、厳しい公害規制によって大気汚染が改善すると、徐々に地衣類も回復し、現在では東京都心でも本書で紹介しているウメノキゴケ類なども観察できるようになってきました。

太平洋ベルト

地衣類がよくつく木・つきにくい木

　地衣類は木によって着く種類が変わる傾向があります。ウメノキゴケ類がよく着く木は、サクラ、ケヤキ、ナンキンハゼ、カシ、マツなどです。ムカデゴケ類がよく着く木は、トウカエデ、ポプラ、ヤナギなどです。一方、サルスベリのように地衣類がほとんど着かない木もあります。これらは樹皮のpH、凹凸、常緑樹か落葉樹による日射量の差などが影響しているためと考えられます。ウメノキゴケ類は弱酸性、ムカデゴケ類は弱アルカリ性を好む傾向があります。レプラゴケは半日陰でやや湿った場所を好むため、常緑樹であるスギやシラカシなどの樹幹基部付近によく見られます。

　若い木の樹皮上では、地衣類はあまり目立ちませんが、よく見ると固着地衣類が着いていることがあります。そのような目立たない固着地衣類は、同定の難しいものが多く、詳しいことがよく分かっていません。

地衣類がよく着生する代表的な樹木。左より、ケヤキ、ナンキンハゼ、ソメイヨシノ、トウカエデ。関東ではケヤキやサクラ、関西ではナンキンハゼやシナサワグルミなどが地衣類を探しやすい。

地衣類がややつきにくい樹木・ほとんどつかない樹木。左より、シラカシ、スギ、イチョウ、サルスベリ。常緑樹で樹幹が日陰になる場合には、日光が足りず地衣類があまりつかないか、半陰性の種が優占する。強酸性の樹皮や表面が滑らかな木も地衣類がつきにくい。

本書の使い方・凡例

　本書では、これから地衣類を観察してみたいという方を対象に、都市部に生育するおもな地衣類の見つけ方や見分け方にポイントをおいて解説しています。

　本来、地衣類の同定を正確に行うためには、外形や顕微鏡での形の特徴、含有化学成分などを調べる必要があります。しかし、入門書である本書では、遠目で見たときの色合いと、近くで観察したときの"絵合わせ"で、おおよそ名前を調べられるように58種を選んで紹介しています。形の特徴が小さいことがあるので、10倍程度のルーペは用意して観察して下さい（15倍程度が望ましい）。専門的に勉強したい方には少し物足りないかもしれませんが、散策や教育現場での活動など様々な場面でお役立て頂けたら幸いです。

　本書の学名および和名は、原則としてKurokawa and Kashiwadani（2006）、井上ほか（2010）、および最新の公式な文献に従っていますが、必要に応じて新称和名を与えたものもあります（→p.78）。

〈インデックスタブ〉
地衣体全体が与える色の印象に基づいて掲載種を ■黄、■黄緑、■緑、■暗色、■灰緑、■白、の6つに分け、配列した。もちろん中間的な色の種もあるので、あくまでも目安である。

〈解説〉
■分類：葉状・樹枝状・固着の3別および所属科名・属名
■分布：日本（北＝北海道、本＝本州、四＝四国、九＝九州、琉＝琉球諸島）と海外の大まかな分布
■見つけやすさ：著者の経験により容易・やや難・難・都市部では難の4別
●生育場所：着生する基物や場所
■野外での識別：肉眼で直接観察でき、識別に役立つ情報
■特徴：その種を特徴づけるあらゆる情報

〈和名〉
〈生育環境がわかる生態写真〉
写真内の地名は撮影地
〈個体全景写真〉
〈部分アップ写真〉

〈漢字名と学名〉
〈個体写真〉
ときに生育環境がわかる生態写真も併載

〈1種1ページ〉
街なかで比較的多く見られ、なおかつ著者が重要と思われる種は大きく扱った。

〈2種1ページ〉
街なかで比較的見ることが少ない、または識別が難しい種は小さく扱った。

色別地衣類一覧

黄色系地衣類

コウロコダイダイゴケ p.18

ツブダイダイゴケ p.19　コツブダイダイサラゴケ p.20　ヒメダイダイサラゴケ p.20

ロウソクゴケ p.21　コナロウソクゴケモドキ p.22　コガネゴケ p.23

黄緑色系地衣類

ツブレプラゴケ p.24　キマダラレプラゴケ p.24

色別地衣類一覧

キウメノキゴケ p.25　コナイボゴケ p.26　ヒメジョウゴゴケ p.27

ドテハナゴケ p.28　コアカミゴケ p.29　ヒメレンゲゴケ p.29

緑色系地衣類

コナアカムカデゴケ p.30

コナロゼットチイ p.31　ニセマキミゴケ p.32　ヤマトスミイボゴケ p.32

色別地衣類一覧

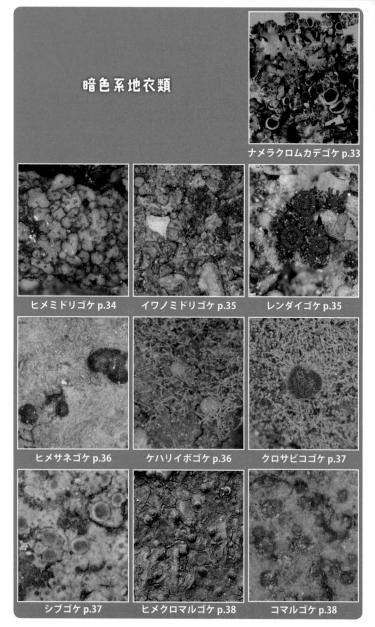

暗色系地衣類

ナメラクロムカデゴケ p.33

ヒメミドリゴケ p.34　　イワノミドリゴケ p.35　　レンダイゴケ p.35

ヒメサネゴケ p.36　　ケハリイボゴケ p.36　　クロサビコゴケ p.37

シブゴケ p.37　　ヒメクロマルゴケ p.38　　コマルゴケ p.38

色別地衣類一覧

灰緑色系地衣類

ウメノキゴケ p.39

ナミガタウメノキゴケ p.40　マツゲゴケ p.41　ハクテンゴケ p.42

シラチャウメノキゴケ p.43　トゲウメノキゴケ p.44　ヒカゲウチキウメノキゴケ p.44

クロムカデゴケ p.45　コカゲチイ p.46　ヤマトキゴケ p.47

色別地衣類一覧

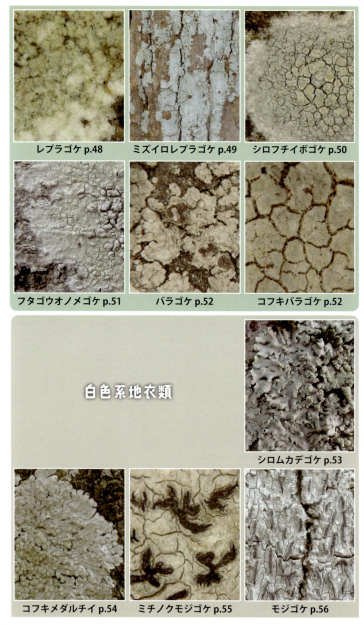

レプラゴケ p.48
ミズイロレプラゴケ p.49
シロフチイボゴケ p.50
フタゴウオノメゴケ p.51
バラゴケ p.52
コフキバラゴケ p.52

白色系地衣類

シロムカデゴケ p.53
コフキメダルチイ p.54
ミチノクモジゴケ p.55
モジゴケ p.56

色別地衣類一覧

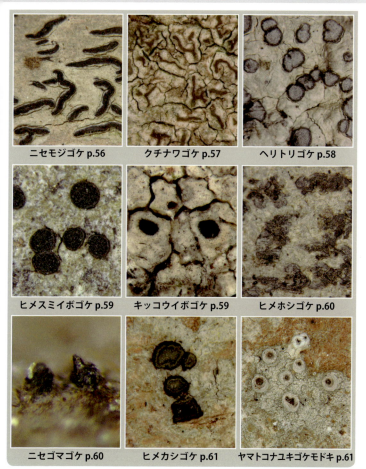

ニセモジゴケ p.56　　クチナワゴケ p.57　　ヘリトリゴケ p.58

ヒメスミイボゴケ p.59　　キッコウイボゴケ p.59　　ヒメホシゴケ p.60

ニセゴマゴケ p.60　　ヒメカシゴケ p.61　　ヤマトコナユキゴケモドキ p.61

| 黄 | 黄緑 | 緑 | 暗色 | 灰緑 | 白 |

コウロコダイダイゴケ

小鱗橙苔
Squamulea aff. *subsoluta*

- ■**分類**　固着／ダイダイキノリ科／ウロコダイダイゴケ属
- ■**分布**　本～九。世界での分布は詳細不明。
- ■**見つけやすさ**　容易

東京都台東区

1 mm

- ●**生育場所**　古いコンクリート塀や道路の縁石、スレート瓦などによく見られる。
- ●**野外での識別**　ツブダイダイゴケ（→p.19）としばしば混同されていたが、本種は地衣体がはっきりした鱗状で基物に圧着し、子器盤は橙黄色となる。地衣体周辺の基物上に黒色の菌糸（初生菌糸）が広がることがある。
- ●**特徴**　地衣体は黄色、鱗状。粉芽も裂芽もない。子器はレカノラ型、直径0.5–0.8 mm、盤は橙黄色、K＋赤色。

ツブダイダイゴケ

粒橙苔
Gyalolechia flavovirescens

- ■ **分類**　固着／ダイダイキノリ科／ツブダイダイゴケ属
- ■ **分布**　本（日本での分布は詳細不明）。世界に広く分布する。
- ■ **見つけやすさ**　容易

茨城県つくば市

1 mm

- ● **生育場所**　古くなったコンクリート上などに見られる。
- ● **野外での識別**　本種はコウロコダイダイゴケ(→p. 18)に似ており、しばしば混生もするが、本種のコロニーはやや白っぽく見えるので容易に区別できる。
- ● **特徴**　地衣体は黄色、薄く、鱗状とはならない。粉芽も裂芽もない。子器はレカノラ型、直径0.3–1.0 mm、盤は茶色〜濃橙色、K＋赤色。

コツブダイダイサラゴケ

小粒橙皿苔
Coenogonium pineti

- **分類**　固着／ダイダイサラゴケ科／ダイダイサラゴケ属
- **分布**　北〜九。アジア、オセアニア、北米、ヨーロッパ。
- **見つけやすさ**　やや難

東京都千代田区　0.2 mm

- ●**生育場所**　マツ、ヒノキ、モミ、シイ、ソヨゴ、サクラなどの樹皮上に生育する。やや日陰の針葉樹樹幹基部で見つかることが多い。小さくて目立たないため見落とされやすい。
- ●**特徴**　地衣体は薄く、帯緑灰色。子器はビアトラ型、直径<0.5mmで、子器の縁部が平滑となる。

ヒメダイダイサラゴケ

姫橙皿苔
Coenogonium kawanae

- **分類**　固着／ダイダイサラゴケ科／ダイダイサラゴケ属
- **分布**　本。日本固有。
- **見つけやすさ**　難

東京都千代田区　0.2 mm

- ●**生育場所**　ムクノキ、ヤナギ、トウカエデの樹皮上で見つかっているが、報告例は少ない。小さく目立たないため見落とされていると思われる。やや日陰となる樹幹基部や日当たりの良い湿潤な環境にも生育する。
- ●**特徴**　地衣体は薄く、帯緑灰色。子器はビアトラ型、直径<0.5mmで、子器の縁部は小歯状突起を生じるか粗面となる。

ロウソクゴケ

蠟燭苔
Candelaria concolor

- **分類** 葉状／ロウソクゴケ科／ロウソクゴケ属
- **分布** 北〜九。北半球、南半球。
- **見つけやすさ** 容易

ケヤキ樹幹上に発達した群落　　茨城県つくば市

葉状の地衣体　　粉芽　0.5 mm

- ●**生育場所** 日当たりの良い樹幹によく着生する。岩上、コンクリート上にも生育する。群生すると木の肌一面が黄色のペンキで塗ったようになる。
- ●**野外での識別** コナロウソクゴケモドキ（→p.22）と紛らわしくなることがあるが、本種は微小であっても背腹性のある葉状体がある。
- ●**特徴** 粉芽はおもに裂片の縁にでき、背面全体に広がることもある。地衣体腹面に偽根がある。"ロウソクゴケ"の名前の由来は、中世のヨーロッパで、ロウソクを黄色に染めるために本種を用いたことによる（→p.64参照）。

コナロウソクゴケモドキ

粉蠟燭苔擬
Candelariella cf. *xanthostigmoides*

- ■ **分類** 固着／ロウソクゴケ科／ロウソクゴケモドキ属
- ■ **分布** 北～本。世界での分布の詳細は不明。
- ■ **見つけやすさ** 容易

サクラ樹幹上に発達した群落　　　　　　　　　　茨城県つくば市

0.5 mm

- ●**生育場所**　ロウソクゴケ（→p.21）と同様の環境に生育し、単独で樹幹一面に広がることもあるが、ロウソクゴケと混生することもある。
- ●**野外での識別**　粉芽が発達した個体は、コガネゴケ（→p.23）と非常に紛らわしくなるが、本種では鱗状または不定形の微小な地衣体がところどころに生じる。
- ●**特徴**　色が同じであるため遠くから見るとロウソクゴケのようにも見えるが、地衣体は粉状から顆粒状、ときに鱗状となり、背腹性のある葉状体は作らない。本種には長らく"ロウソクゴケモドキ*Candelariella vitellina*"の名前が当てられてきたが、ロウソクゴケモドキは粉芽を持たず亜高山～高山帯の岩上に生育する。

コガネゴケ

黄金苔
Chrysothrix candelaris

- **分類** 固着／コガネゴケ科／コガネゴケ属
- **分布** 北〜九。極域や砂漠を除く全世界に広く分布する。
- **見つけやすさ** 容易

茨城県つくば市

100μm

- **生育場所** 乾燥してやや日陰になる樹皮や岩上に生育する。樹幹一面に広がることもある。
- **野外での識別** コナロウソクゴケモドキ（→p.22）と形態が酷似することがあるが、やや蛍光色を帯びた緑がかった色合いと、きめ細かい粉芽の質感で区別できる。
- **特徴** 地衣体は黄金色から黄緑色、直径12–40 μmの細かい粉芽からなる。UV−（カリシン、ピナストリン酸を含む）。近縁のニセコガネゴケ*Chrysothrix flavovirens*は含有成分が異なり、リゾカルプ酸を持つためにUV+橙色となる。

ツブレプラゴケ

粒レプラ苔
Botryolepraria lesdainii

- ■ **分類**　固着／アナイボゴケ科／ツブレプラゴケ属
- ■ **分布**　本〜九。アジア、ヨーロッパ、北米。
- ■ **見つけやすさ**　やや難

東京都千代田区　0.2mm

- ● **生育場所**　日陰で湿度が高く、雨が直接かからないような場所の岩上や土上に生育する。
- ● **特徴**　地衣体は淡いライムグリーン色、直径15(−20)μmの綿毛状の塊が緩く集合する（菌糸が完全に藻類を取り囲んでいないため真性の粉芽とは異なる）。髄層ははっきりせずレプラゴケ（→p.48）のように白色とならない。地衣体縁部は裂片状とならない。テルペン類のレスダイニンを含む。

キマダラレプラゴケ

黄斑レプラ苔
Lepraria vouauxii

- ■ **分類**　固着／キゴケ科／レプラゴケ属
- ■ **分布**　本。ヨーロッパ、北米、南米、オセアニア、アフリカ。
- ■ **見つけやすさ**　やや難

東京都千代田区　0.2mm

- ● **生育場所**　半陰の岩上や樹皮上に生育する。
- ● **特徴**　地衣体は灰緑色〜黄緑色、顆粒状、地衣体縁部は裂片状とならない。形態はレプラゴケ（→p.48）に酷似するが、地衣体表面が所々黄色になるため区別できる（黄色が目立たないこともある）。正確な同定のためには薄層クロマトグラフィーによりパンナル酸6−メチルの存在を確認する。

キウメノキゴケ

黄梅之木苔
Flavoparmelia caperata

- **分類** 葉状／ウメノキゴケ科／キウメノキゴケ属
- **分布** 北〜九。世界に広く分布する。
- **見つけやすさ** 都市部ではやや難（北海道や日本海側の都市部では容易）

茨城県つくば市

2 mm

- ●**生育場所** サクラやケヤキ、マツなどの樹木や岩上などに生育する。
- ●**野外での識別** シラチャウメノキゴケ（→p.43）など間違えやすい種もあるが、本種はウスニン酸を含むため地衣体が帯黄色であり、基物に緩く着生する。
- ●**特徴** 地衣体に皺があり、パスチュールに由来した粉芽があるが、それらが目立たないこともある。日当たりの良い場所では黄色が強くなるが、都市部では個体が小さく黄緑色のことが多いようである。正確な同定にはカペラート酸を確認。

コナイボゴケ

粉疣苔
Lecanora pulverulenta

- **分類** 固着／チャシブゴケ科／チャシブゴケ属
- **分布** 本〜九。日本固有。
- **見つけやすさ** 容易

茨城県守谷市

0.5 mm

- **生育場所** サクラやカシなどの広葉樹やマツなどの針葉樹の樹皮上に生育する。
- **野外での識別** 地衣体および子器ともに淡い黄色みを帯びており、遠くから見ると粉っぽい質感である。
- **特徴** 地衣体はウスニン酸を含んでいるためにやや黄色みを帯びた灰白色。子器はレカノラ型で、直径0.3–0.5mm程度。子器托は粉霜に被われるか皮層を欠いた緩い粉状となる。盤は平坦、帯黄褐色から淡黄色。日本固有種として扱われているが、世界に広く分布している種との分類学的比較研究が必要である。

ヒメジョウゴゴケ

姫漏斗苔
Cladonia kurokawae

- ■ **分類** 鱗状・樹枝状／ハナゴケ科／ハナゴケ属
- ■ **分布** 北〜九。東アジア。
- ■ **見つけやすさ** 容易

栃木県下都賀郡

子柄表面には顆粒ができる　　子器を有する子柄

- ●**生育場所** 石垣や芝生の間の土の上、コンクリート上、樹幹基部、朽ち木上などに生育する。
- ●**野外での識別** 子器の有無で子柄の形が写真のように変わる。子柄が発達しないときはドテハナゴケ（→p.28）と紛らわしくなるが、本種は地衣体鱗葉が繊細な深裂とならない。
- ●**特徴** 子柄はラッパ状の盃を作る。長さ約1cm以内。子柄表面や盃の内側に顆粒ができる（皮層があるため粉芽とは異なる）。正確な同定にはアトラノリン（K+黄色）とフマールプロトセトラール酸（P+橙色）の存在を確かめる必要がある。

ドテハナゴケ

土手花苔
Cladonia caespiticia

- ■ **分類** 鱗状・樹枝状／ハナゴケ科／ハナゴケ属
- ■ **分布** 本〜九。北半球に広く分布する。
- ■ **見つけやすさ** やや難

東京都千代田区

石垣上に発達する群落　東京都千代田区

1 mm

- ● **生育場所** 樹幹や石垣表面および石垣の間にたまった土の上などに生育する。
- ● **野外での識別** 特徴参照。一方、ヒメジョウゴゴケ（→p. 27）やヒメレンゲゴケ（→p. 29）の群落で子柄が発達しない場合には区別が難しいことがある。
- ● **特徴** 基本葉体が発達し、しばしば大きな群落を形成する。鱗葉は不規則に深裂し長さ0.2−1 cm。子柄はあったとしても短小（1−5 mm）で盃を作らず、目立たない。正確な同定にはフマールプロトセトラール酸（P+橙色）の存在とアトラノリンがないこと（K−）を調べる必要がある。

コアカミゴケ

小赤実苔
Cladonia macilenta

■ **分類** 樹枝状／ハナゴケ科／ハナゴケ属
■ **分布** 北〜九。世界に広く分布する。
■ **見つけやすさ** 都市部では難

● **生育場所** 低地や山地に普通に見られる種であるが、都市ではほとんど見られない。放置された古い木造構造物や切り株、寺社の檜皮葺または茅葺屋根などで見られることがある。
● **特徴** 単一棒状の子柄の上に赤い子器をつける。子柄に粉芽がある。

茨城県守谷市

ヒメレンゲゴケ

姫蓮華苔
Cladonia ramulosa

■ **分類** 樹枝状／ハナゴケ科／ハナゴケ属
■ **分布** 北〜九。世界に広く分布する。
■ **見つけやすさ** 都市部では難

● **生育場所** 低地の普通種だが、都市では発達した群落がほとんど見られない。石垣上、公園や道路脇、盆栽の土の上などで見られることがある。
● **特徴** 変異に富み典型個体以外の同定は難しい。基本葉体は繊細で狭く（1–3×約1mm）、子柄はヤグラ状にならず、無盃または狭盃。子柄の皮層は脱落し半透明の髄が裸出する。粉芽±。フマールプロトセトラール酸（＋）、ホモ石花酸（±）。

千葉県鴨川市

コナアカムカデゴケ

粉赤百足苔
Phaeophyscia rubropulchra

- **分類** 葉状／ムカデゴケ科／クロムカデゴケ属
- **分布** 北〜九。アジア、ヨーロッパ、北米。
- **見つけやすさ** 容易

茨城県つくば市

髄層に橙色の色素がある

1 mm

- ●**生育場所** サクラ、ケヤキ、カシなどの広葉樹樹幹や岩上などに生育する。
- ●**野外での識別** 粉芽を有する他のムカデゴケ科の種に似るが、髄層に橙色の色素があるので容易に区別できる。一方、髄層が露出していない場合は、コナロゼットチイ（→p.31）と間違えやすい。
- ●**特徴** 地衣体裂片の幅は0.5–1.5mm、腹面は黒色（周縁部が白色のこともある）。髄層に橙色の色素がある。

コナロゼットチイ

粉ロゼット地衣
Physciella melanchra

- **分類** 葉状／ムカデゴケ科／ロゼットチイ属
- **分布** 北〜琉。世界に広く分布する。
- **見つけやすさ** 容易

髄層は白色
0.5 mm
茨城県つくば市

- ●**生育場所** 都市部で最も普通に見られる地衣類の一つ。トウカエデやポプラなどの樹皮やコンクリート上などに生育する。
- ●**野外での識別** コナアカムカデゴケ（→p.30）に外形が似るが、髄層や地衣体腹面が白色であることから区別できる。
- ●**特徴** 地衣体裂片の幅は0.5–1.2mm、腹面は白色。顆粒状の粉芽を有し、粉芽塊は円形で地衣体背面に散生するが、周縁に生じることもある。髄層は白色。

| 黄 | 黄緑 | 緑 | 暗色 | 灰緑 | 白 |

ニセマキミゴケ

偽巻実苔
Scoliciosporum chlorococcum

- ■ **分類** 固着／マキミゴケ科／マキミゴケ属
- ■ **分布** 本。アジア、北米、ヨーロッパ。
- ■ **見つけやすさ** 難

東京都千代田区　0.5 mm

- ●**生育場所** 都市部ではサクラの枝の樹皮上でよく見つかる。小さく目立たないため見落とされていると思われる。
- ●**特徴** 地衣体は疣状から顆粒状、暗緑色から緑褐色。子器はビアトラ型、直径0.3mm程度まで、褐色から黒色で表面はやや光沢がある（野外ではこの特徴で当たりをつける）。和名は胞子がややコイル状に巻いていることによる。

ヤマトスミイボゴケ

大和墨疣苔
Sculptolumina japonica

- ■ **分類** 固着／ムカデゴケ科／ヤマトスミイボゴケ属
- ■ **分布** 本。アジア、オセアニア、アフリカ、北米、中米、南米、ヨーロッパ。
- ■ **見つけやすさ** 難

東京都千代田区　0.2 mm

- ●**生育場所** カシ樹皮上で見つかっている。日本の温暖な地域に広く分布すると思われるが、小さくて目立たないため見落とされやすい。
- ●**特徴** 地衣体は灰色〜褐色を帯びたオリーブ色で、顕微鏡で見ると微小なオレンジ色の斑点を生じることがある。子器はレキデア型、直径0.3–0.6 mm。正確な同定には生殖器官の顕微鏡観察を要する。

ナメラクロムカデゴケ

滑黒百足苔
Phaeophyscia spinellosa

- ■ **分類**　葉状／ムカデゴケ科／クロムカデゴケ属
- ■ **分布**　本〜四。韓国。
- ■ **見つけやすさ**　容易

茨城県つくば市

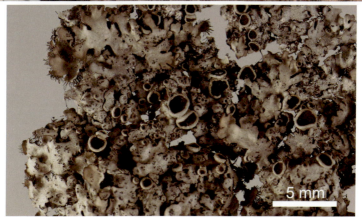

5 mm

- ● **生育場所**　日当たりの良いコンクリート上にしばしば群生するが、樹幹にも着生することがある。暖地性で西日本に多く、関東より北方にはほとんどない。
- ● **野外での識別**　地衣体は直径約5cm程度。裂芽も粉芽もない。
- ● **特徴**　子器はレカノラ型、直径2-3mm。黒い小さな点状の疣状突起は粉子器と呼ばれる生殖器官の一部。地衣体は灰白色だが、子器盤が褐色で黒い粉子器も多いため、遠くから見ると地衣体が暗色に見える。

ヒメミドリゴケ

姫緑苔
Endocarpon superpositum

- ■ **分類** 固着（鱗状）／アナイボゴケ科／ミドリゴケ属
- ■ **分布** 本、四。日本固有。
- ■ **見つけやすさ** やや難

広島県広島市

0.2 mm

- ● **生育場所** 古いコンクリートや岩上に生じる。
- ● **野外での識別** 地衣体が重なり合う。関連種との区別は難解。ミドリゴケ属には多くの日本固有種が記載されているが、外国産種との関連について検討を要する。
- ● **特徴** 地衣体は周縁を含む背面全体が灰褐色〜褐色、鱗片状、裂片は偽根を欠き、腹面黒色、幅0.1–0.2(–0.4)mm、互いに隣接するか重なり合い、基物に密着する。子器は被子器、先端部を除いて地衣体に埋没する。

イワノミドリゴケ

岩之緑苔
Endocarpon petrolepideum

- ■ **分類**　固着／アナイボゴケ科／ミドリゴケ属
- ■ **分布**　本～九。北米。
- ■ **見つけやすさ**　やや難

- ● **生育場所**　古いコンクリートの壁や屋上などに生える。しばしばレンダイゴケ（→p.35）と混生する。
- ● **特徴**　地衣体は褐色、単一で独立しており、幅0.2–0.5mm、ほとんど重ならず、基物に圧着する。腹面は黒色で偽根を欠く。子器は被子器、直径0.25mmまで、暗褐色から黒色で、頂部は地衣体と同色かやや薄い色。

東京都新宿区　0.5 mm

レンダイゴケ

蓮台苔
Lichinella japonica

- ■ **分類**　樹枝状／リキナ科／レンダイゴケ属
- ■ **分布**　本。韓国。
- ■ **見つけやすさ**　やや難

- ● **生育場所**　古いコンクリートの壁や屋上などに生育する。大気汚染への耐性があり、都市部では普通種であるが、小さく目立たないため見落とされやすい。イワノミドリゴケ（→p.35）としばしば混生する。
- ● **特徴**　地衣体は樹枝状、黒色、高さ約3mm。子器は裸子器、直径約0.5mmまで。

静岡県浜松市　0.5 mm

ヒメサネゴケ

姫実苔
Lithothelium japonicum

- **分類** 固着／サネゴケ科／ヒメサネゴケ属
- **分布** 本。日本固有。
- **見つけやすさ** やや難

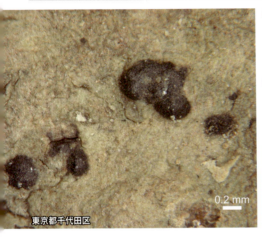

東京都千代田区
0.2 mm

- ●**生育場所** スダジイやトウカエデなどの樹皮に着生する。小さく目立たないため見過ごされていると思われる。
- ●**特徴** 地衣体は褐色がかった緑色、平滑だが光沢はない。子器は被子器、直径0.7mmまで、黒色、地衣体が子器側面を薄く被うことがある。正確な同定には無色4室（10–14×4–5μm）の胞子などを確認する必要がある。

ケハリイボゴケ

毛針疣苔
Bacidina chloroticula

- **分類** 固着／カラタチゴケ科／コナハリイボゴケ属
- **分布** 本。ヨーロッパ、北米。
- **見つけやすさ** 難

東京都港区
1 mm

- ●**生育場所** スダジイ、などの広葉樹の樹幹や稀に岩上にも生じる。普通種であるが、目立たないため見落とされやすい。
- ●**特徴** 子器はビアトラ型、淡褐色、疣状、直径約0.3mmまで。地衣体は共生藻が糸状体となって表面に密生するか、細かい瘤状となる。子器ができないコロニーもしばしばある。

クロサビゴケ

黒錆小苔
Placynthiella icmalea

- **分類** 固着／バラゴケ科／クロサビコゴケ属
- **分布** 本。オーストラリア、北米、ヨーロッパ。
- **見つけやすさ** やや難

- **生育場所** 朽木上やサクラ、マツ、ヒノキなどの樹皮上で見つかっている。小さく目立たないため見過ごされていると思われる。
- **特徴** 地衣体は緑がかった褐色、裂芽状またはサンゴ状の顆粒で被われる。子器はビアトラ型、直径0.2–0.6mm。ジロフォール酸を含むためC+赤色となる。

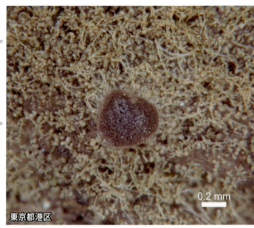

0.2 mm

東京都港区

シブゴケ

渋苔
Lecania erysibe

- **分類** 固着／カラタチゴケ科／シブゴケ属
- **分布** 本。オーストラリア、北米、ヨーロッパ。
- **見つけやすさ** やや難

- **生育場所** 石垣やモルタル上で見つかっている。目立たないため見落とされていると思われる。
- **特徴** 地衣体は薄く、灰褐色から緑褐色。本来はブラスティディアと呼ばれる地衣体周縁または表面から生じる粉芽に似た器官があるが、日本の都市部で見つかった個体ではそれらが発達していない。子器はレカノラ型、直径0.7mmまで。

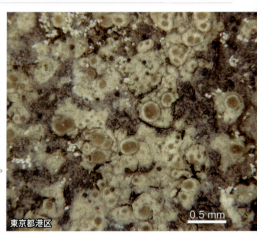

0.5 mm

東京都港区

ヒメクロマルゴケ

姫黒丸苔
Porina hirsuta

- **分類** 固着／マルゴケ科／マルゴケ属
- **分布** 本。韓国。
- **見つけやすさ** やや難

東京都港区

- ●**生育場所** 低地で半陰に生育するカエデ、ムクノキ、ケヤキなどの落葉広葉樹の樹皮や稀に岩上にも生じる。都市部にも見られ大気汚染に強いと思われる。目立たないため見落とされやすい。
- ●**特徴** 地衣体は淡いオリーブグリーン色〜褐色がかったオリーブ色。子器は被子器、黒色、直径0.15–0.35 mm、子器の表面はしばしば白い毛で被われることがある。

コマルゴケ

小丸苔
Porina leptalea

- **分類** 固着／マルゴケ科／マルゴケ属
- **分布** 本〜九。アジア、ヨーロッパ。
- **見つけやすさ** やや難

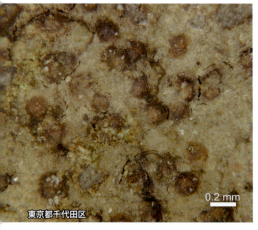

東京都千代田区

- ●**生育場所** 森林内や海岸飛沫帯の日陰の岩上、稀に樹皮上に生じる種。都市部では、湿潤な森林内の日陰の岩上で確認されている。小さく目立たないために見過ごされている可能性が高い。
- ●**特徴** 地衣体は灰褐色。子器は被子器、橙褐色〜褐色、直径0.15–0.3mm。本種の正確な同定には、胞子の形状（14–23×3–5μm、横隔壁3）などを調べる必要がある。

| 黄 | 黄緑 | 緑 | 暗色 | 灰緑 | 白 |

ウメノキゴケ

梅之木苔
Parmotrema tinctorum

- **分類** 葉状／ウメノキゴケ科／ウメノキゴケ属
- **分布** 北〜琉。温帯〜亜熱帯域に広く分布する。
- **見つけやすさ** 容易

ナンキンハゼ上の個体　　　　　大阪府枚方市

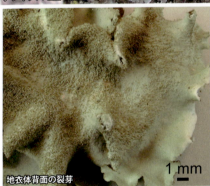
地衣体背面の裂芽　1 mm

裂芽　100μm

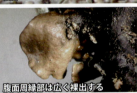
腹面周縁部は広く裸出する

- **生育場所**　「梅の木」以外にも、サクラ、ケヤキ、マツ、スギなどの樹木や古い石垣、墓石などにも見られる。北海道から沖縄までの低地に広く分布しているが、宮古市以北は非常に稀となり、日本海側など雪の多い地域でもあまり見られない。
- **野外での識別**　小さな個体ではトゲウメノキゴケ（→p.44）と間違えやすいが、ウメノキゴケでは腹面の偽根が周縁で裸出している。
- **特徴**　裂芽がある。地衣体腹面周縁部は広く裸出する。髄層C+赤色。地衣体は発達すると直径30cm以上になることもあるが、都市部では直径2–5cm程度の個体が多い。亜硫酸ガスに弱く大気汚染指標生物として有名（→p.62）。

ナミガタウメノキゴケ

波形梅之木苔
Parmotrema austrosinense

- ■ **分類** 葉状／ウメノキゴケ科／ウメノキゴケ属
- ■ **分布** 本～九。世界の温帯～亜熱帯域に広く分布する。
- ■ **見つけやすさ** 容易

ケヤキ上に発達した群落　　茨城県取手市

粉芽　1 mm

- ● **生育場所** ケヤキやサクラ、スギなどの樹皮上に生育し、しばしば大群落となる。
- ● **野外での識別** 若い個体では粉芽がほとんどない場合もあり、ウメノキゴケ（→p.39）やマツゲゴケ（→p.41）と間違えやすくなる。ナミガタウメノキゴケでは決して裂芽やシリア、マキラを持たず、地衣体裂片が斜上することが多い。
- ● **特徴** 地衣体裂片の辺縁が斜上～直立して波状となり、縁に沿って粉芽が生じる。裂芽はない。

マツゲゴケ

睫毛苔
Parmotrema clavuliferum

- **分類** 葉状／ウメノキゴケ科／ウメノキゴケ属
- **分布** 本〜九。世界の温帯〜亜熱帯域に広く分布する。
- **見つけやすさ** やや難

栃木県下都賀郡

東京都千代田区

シリアとマキラ

粉芽と裂片裏側
1 mm

- ●**生育場所** サクラやケヤキ、マツなどの樹皮上や古い石垣や墓石上などに生じる。
- ●**野外での識別** 小さな個体で類似種と紛らわしい場合には、地衣体表面の細かい網目状の模様（＝マキラ）の有無に着目すると良い。
- ●**特徴** 地衣体背面にマキラがある。地衣体周縁にはシリアおよび球状の粉芽塊がある。粉芽のある裂片の腹面側は白く裸出する。都市部の個体は小さく直径2–6cm程度のものが多い。近縁のオオマツゲゴケ*Parmotrema reticulatum*は都市部ではほとんど見られない。

ハクテンゴケ

白点苔
Punctelia borreri

- ■ **分類** 葉状／ウメノキゴケ科／ハクテンゴケ属
- ■ **分布** 北〜四。世界に広く分布する。
- ■ **見つけやすさ** やや難

茨城県つくば市

- ● **生育場所** サクラやケヤキ、ナンキンハゼ、マツなどの樹幹や岩上に生える。大気汚染に弱いため、東京都心部では直径数cm程度の小さな個体しか見つかっていない。
- ● **特徴** 和名の由来は地衣体背面に白色で点状の偽盃点があるため。円形の粉芽塊も地衣体背面に生じる。近縁で裂芽を有するトゲハクテンゴケ*Punctelia rudecta*も低地から山地に分布するが、都市部ではほとんど見られない。

シラチャウメノキゴケ

白茶梅之木苔
Canoparmelia aptata

- ■ **分類**　葉状／ウメノキゴケ科／ハイイロウメノキゴケ属
- ■ **分布**　本〜九。アジア、オセアニア、アフリカ。
- ■ **見つけやすさ**　やや難

広島県東広島市

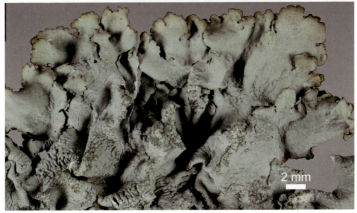

2 mm

- ● **生育場所**　サクラ、ケヤキ、マツなどの樹皮や岩上に生じ、ときに大群落となる。
- ● **野外での識別**　キウメノキゴケ（→p. 25）と紛らわしい場合もあるが、本種は地衣体の色が灰緑色であり、基物に圧着する点で区別できる。しかし、近縁のタナカウメノキゴケ*Canoparmelia texana*（ヂバリカート酸あり）とは化学成分を鑑定しなければ区別は困難である。
- ● **特徴**　地衣体は直径14cmに達することがある。地衣体背面に皺があり、粉芽を生じる。本種はペルラトリン酸とグロメリフェル酸を含む。

| 黄 | 黄緑 | 緑 | 暗色 | 灰緑 | 白 |

トゲウメノキゴケ

棘梅之木苔
Parmelinopsis minarum

- **分類** 葉状／ウメノキゴケ科／ヒメウメノキゴケ属
- **分布** 北〜九。アジア、オセアニア、北米、南米、アフリカ、ヨーロッパ。
- **見つけやすさ** やや難

東京都千代田区　1 mm

- ●**生育場所** サクラ、ケヤキ、カエデ、ナンキンハゼ、マツ、スギなどの樹皮、稀に岩上にも生じる。
- ●**特徴** 地衣体は直径2〜7cmに達するが、都市部においては1〜2cm程度の個体が多い。裂芽がある。裂片縁部にシリアが生じることがある。小さな個体のウメノキゴケ（→p.39）と間違えやすいが、本種は裂片裏側の偽根が周縁付近に達する点で区別できる。髄層C+紅色（ジロフォール酸）。

ヒカゲウチキウメノキゴケ

日陰内黄梅之木苔
Myelochroa leucotyliza

- **分類** 葉状／ウメノキゴケ科／ウチキウメノキゴケ属
- **分布** 北〜九。韓国、中国、ネパール、マレーシア。
- **見つけやすさ** やや難

パスチュール
5 mm　静岡県静岡市　1 mm

- ●**生育場所** サクラ、ケヤキ、ナンキンハゼ、マツなどの樹皮や岩上に生じる。
- ●**特徴** 地衣体背面にパスチュールを生じ、のちに顆粒状の粉芽となることがある。ウチキウメノキゴケ属は髄層に黄色色素を有する種が多いが、本種の髄層は白色である。近縁のコナウチキウメノキゴケ*M. aurulenta*もごく稀に都市部に分布することがあるが、穀粉状の粉芽、頭状の粉芽塊を持つ点でヒカゲウチキウメノキゴケから区別される。

クロムカデゴケ

黒百足苔
Phaeophyscia limbata

- **分類** 葉状／ムカデゴケ科／クロムカデゴケ属
- **分布** 北〜九。東アジア、北米。
- **見つけやすさ** 容易

広島県広島市

- ●**生育場所** トウカエデやケヤキ、イチョウなどの広葉樹樹幹、石垣、コンクリート上などに生育する。
- ●**野外での識別** 粉芽の多くが地衣体縁部に沿って連なって生じている。地衣体の色合いは白っぽいものから褐色まで大きく変わる。
- ●**特徴** 地衣体は灰緑色から灰褐色、直径2–5cm、裂片は樋状で幅2–4mm。粉芽が裂片の縁に沿って生じるが、地衣体背面にもしばしば散生する。粉芽は顆粒状から粗い裂芽状（背腹性のある小裂片とはならない）。本種をアラゲクロムカデゴケ*Phaeophyscia hispidula*またはその亜種のチヂレクロムカデゴケsubsp. *exornatula*の異名として扱う考えもある。

コカゲチイ

木陰地衣
Hyperphyscia crocata

- **分類** 葉状／ムカデゴケ科／コカゲチイ属
- **分布** 本～九。東アジア。
- **見つけやすさ** 容易

ケヤキに着生する個体　　茨城県つくば市

橙色の縁取
0.5 mm

- ●**生育場所**　シラカシやケヤキなどの樹幹や岩上などに生育する。やや日陰になる場所で群落が発達することがある。
- ●**特徴**　粉芽を有する他のムカデゴケ科の種にも似るが、本種では地衣体が基物に圧着し、縁部が橙色に縁取られる。

ヤマトキゴケ

大和樹苔
Stereocaulon japonicum

- ■ **分類** 樹枝状／キゴケ科／キゴケ属
- ■ **分布** 本〜九。アジア。
- ■ **見つけやすさ** 都市部ではやや難

茨城県守谷市

茨城県つくば市

- ● **生育場所** 古い石垣や研磨していない石碑、墓石などに見られる。都市部では未発達な個体である場合が多いが、郊外では子器をつけた群落がよく発達する。
- ● **特徴** 地衣体は高さ1–3cm、主枝は少し分枝する。主枝の側面に細かい円筒状の突起を生じ、主枝上部では疣(いぼ)状になる。頭状体（シアノバクテリアが含まれる紫がかった器官）は小球の集合からなる。

| 黄 | 黄緑 | 緑 | 暗色 | 灰緑 | 白 |

レプラゴケ

レプラ苔
Lepraria finkii

- ■ **分類** 固着／キゴケ科／レプラゴケ属
- ■ **分布** 本。ヨーロッパ、アフリカ、北米、オセアニア、アジア。
- ■ **見つけやすさ** 容易

東京都千代田区

0.2 mm

- ● **生育場所** 半陰の樹皮や岩上に生育。普通種だが国内での詳細な分布は不明。
- ● **特徴** 地衣体は灰緑色〜灰白色、顆粒状でやや厚く、厚さ0.2–0.8（–1.0）mmとなり、髄層は白色（下写真の地衣体下部は髄層を露出させている）、周縁部は巻き返らない。正確な種同定には、形態の特徴に加えて、含有成分のアトラノリン、ゼオリン、ノルスチクチン酸、スチクチン酸の存在を確認する必要がある。

ミズイロレプラゴケ

水色レプラ苔
Lepraria cupressicola

- **分類** 固着／キゴケ科／レプラゴケ属
- **分布** 北〜九。アジア、オセアニア。
- **見つけやすさ** 容易

茨城県つくば市

0.5mm

- **生育場所** 都市部では半陰にある石垣などの岩上や針葉樹や広葉樹の樹幹に生育する。スギ植林地内では最も目立つ地衣類の一つである。
- **特徴** 地衣体は水色がかった粉状。地衣体下面の菌糸は暗色〜黒色（発達初期段階は白色）。レカノール酸を含むために、C+赤色となる。都市部のレプラゴケ属には複数種あるが、実体はよく分かっていない。正確に同定するためには化学成分、地衣体や粉芽の形状などを調べる必要がある。

| 黄 | 黄緑 | 緑 | 暗色 | 灰緑 | 白 |

シロフチイボゴケ

白縁疣苔
Lecanora leprosa

- ■**分類** 固着／チャシブゴケ科／チャシブゴケ属
- ■**分布** 本〜琉。アジア、アフリカ、オセアニア、北米、南米の熱帯〜暖温帯。
- ■**見つけやすさ** やや難

茨城県つくば市

1 mm

- ●**生育場所** 関東以南の暖地の樹皮上に生育する。
- ●**特徴** 地衣体は灰白色または黄色みがかった灰白色。コロニー周縁部の菌糸は白色。子器はレカノラ型、直径0.5mmまで。子器托は平滑または亀裂を生じるが、粉霜には被われない。コナイボゴケ（→p.26）と紛らわしいことがあるが、コロニーを縁取っている白い菌糸に着目すれば区別できる。和名は、他にウスチャシブゴケ、キミチャシブゴケ、ナンゴクチャシブゴケなどと呼ばれることがある。

フタゴウオノメゴケ

双子魚之目苔
Pertusaria cf. *pertusa*

- ■**分類** 固着／トリハダゴケ科／トリハダゴケ属
- ■**分布** 北〜九。アジア、アフリカ、ヨーロッパ。
- ■**見つけやすさ** やや難

茨城県つくば市

- ●**生育場所** ケヤキなどの樹皮や岩上にも生じる。ブナ林に普通に見られる種であるが、都市部でも小さなコロニーが見られる。
- ●**特徴** 地衣体は灰緑色。子器は被子器で、孔口（子器先端の穴の部位）は黒色。ブナ帯に見られる典型的な個体は子器がコショウ入れの蓋の穴のような感じになるが、都市部のものはやや不明瞭である。ブナ帯と都市部の個体が同一種かについては分類学的検討を要する。

バラゴケ

薔薇苔
Trapelia coarctata

- **■ 分類** 固着／バラゴケ科／バラゴケ属
- **■ 分布** 北～九。世界に広く分布する。
- **■ 見つけやすさ** 難

東京都千代田区　0.5 mm

- ●**生育場所** 半陰で湿潤な環境の石垣や古い墓石などで見つかっている。都市部ではあまり見かけないが、山地帯の林内の岩上では普通。
- ●**特徴** 地衣体は灰白色、小区画に分かれる。子器は裸子器、直径0.2–0.8 mm、子器盤はバラ色から赤褐色。ジロフォール酸を含むため、地衣体はC+赤色となる。

コフキバラゴケ

粉吹薔薇苔
Trapelia placodioides

- **■ 分類** 固着／バラゴケ科／バラゴケ属
- **■ 分布** 本。アジア、ヨーロッパ、北米。
- **■ 見つけやすさ** やや難

東京都千代田区　湿ると灰緑色になる

0.5 mm

- ●**生育場所** 石垣や古い墓石などの岩上に生育する。
- ●**特徴** 地衣体は灰白色、小区画に分かれる、基物に固着するが周縁部は不明瞭な裂片状となる。黄白色または淡緑色の粉芽塊（直径0.2–0.3mm）を生じる。ジロフォール酸を含むためC+赤色となる。

シロムカデゴケ

白百足苔
Physcia orientalis

- ■ **分類** 葉状／ムカデゴケ科／ムカデゴケ属
- ■ **分布** 本〜九。東アジア。
- ■ **見つけやすさ** 容易

茨城県つくば市

- ● **生育場所** 群生して樹幹を広く覆うことがある。墓石などの岩上にも生育する。
- ● **特徴** コフキメダルチイ（→p.54）によく似ている。本種との中間的な個体もあり、間違えやすい。本種は地衣体の裂片がはっきりと分離し、やや凸状、背面に粉霜はなく、粉芽塊は球状になる。

コフキメダルチイ

粉吹メダル地衣
Dirinaria applanata

- **分類** 葉状／ムカデゴケ科／メダルチイ属
- **分布** 北〜琉。世界に広く分布する。
- **見つけやすさ** 容易

茨城県つくば市

茨城県取手市　粉霜　0.5 mm

- ●**生育場所** 群生して樹幹を広く覆うことがある。墓石などの岩上にも生育する。
- ●**特徴** シロムカデゴケ（→p.53）によく似ている。本種との中間的な個体もあり、間違えやすい。本種は地衣体の裂片がはっきりと分離せず、粉霜が裂片先端付近の背面に生じることがある。
- ●**備考** 1個体だけだときれいな円盤状のコロニーを作ることがある。和名は英語のmedal lichenに基づく。コフキヂリナリアとも呼ばれる。

ミチノクモジゴケ

陸奥文字苔
Graphis rikuzensis

- **分類** 固着／モジゴケ科／モジゴケ属
- **分布** 本。韓国。
- **見つけやすさ** やや難

茨城県つくば市

子器横断面は上端だけ黒い

- ●**生育場所** シラカシやケヤキ、エノキなどの樹皮上に生育する。
- ●**特徴** その名の通り文字を書いてあるかのように見えることから文字苔と呼ばれる。本種の子器は盤がやや開き、粉霜を欠く。子器の縁部は上端のみが黒くなる。モジゴケ類の同定は難しく、子器構造や胞子の形状、化学成分などを調べる必要がある。

モジゴケ

文字苔
Graphis scripta

- ■ **分類** 固着／モジゴケ科／モジゴケ属
- ■ **分布** 北～九。世界に広く分布する。
- ■ **見つけやすさ** やや難

茨城県つくば市

- ● **生育場所** 樹皮に着生。モジゴケ類を見つけることは容易であるが、本書で扱っている以外の種も多く、野外でそれらを見分けるのは難しい。
- ● **特徴** 子器の縁部は上端から着生基物まで黒くなる。子器の盤は多少とも開き表面にしばしば粉霜を生じる。

ニセモジゴケ

偽文字苔
Graphis handelii

- ■ **分類** 固着／モジゴケ科／モジゴケ属
- ■ **分布** 本～九。アジア、南米。
- ■ **見つけやすさ** やや難

茨城県つくば市

- ● **生育場所** ケヤキ、ウメ、クリなどの樹皮に生育。都市部では他のモジゴケ類よりも多いようである。
- ● **特徴** 子器の縁部はモジゴケ（→p.56）同様に上端から着生基物まで黒くなる。盤は多少とも開き、粉霜を欠く。野外で他のモジゴケ類と区別するのは難しい。地衣体に5%水酸化カリウム溶液を滴下して赤い変色を確認したり、ノルスチクチン酸の存在を確認したりして同定を行う。

クチナワゴケ

蛇苔（朽縄苔）
Enterographa anguinella

- **分類** 固着／リトマスゴケ科／クチナワゴケ属
- **分布** 本。アジア、オセアニア、北米、南米。
- **見つけやすさ** やや難

茨城県つくば市

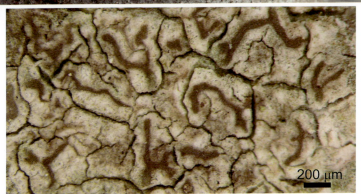

200 μm

- ●**生育場所** ケヤキやトウカエデ、カツラなどの樹皮に生じる。
- ●**野外での識別** 伸長した子器を持つためモジゴケ類と間違えやすいが、子器はモジゴケ類より小さく群生する。
- ●**特徴** 子器盤は淡褐色。正確な同定には胞子を観察する必要がある。胞子は無色、紡錘形、6–11枚の横隔壁があり、大きさ25–52×2.3–3 μm。胞子の室はモジゴケのようなレンズ状とはならず、立方形となる。近縁の*Enterographa hutchinsiae*も都市部の岩上や樹皮上で確認されているが、胞子の横隔壁4–6枚、大きさ22–30×4–5 μmで薄いゼラチン状の鞘があり、地衣体にコンフルエンチン酸を含むことで区別される。

ヘリトリゴケ

縁取苔
Porpidia albocaerulescens

- ■ **分類**　固着／ヘリトリゴケ科／ヘリトリゴケ属
- ■ **分布**　本〜九。アジア、オセアニア、北米、ヨーロッパ。
- ■ **見つけやすさ**　容易

茨城県つくば市

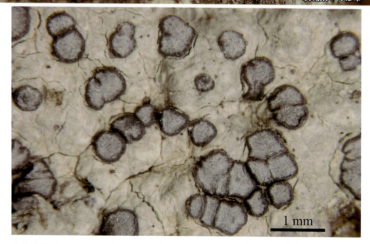

1 mm

- ● **生育場所**　全国に分布する岩上生の普通種。都市では半陰の岩上を探すと良い。
- ● **特徴**　地衣体は灰白色から淡青緑色。和名の「ヘリトリ」は子器の周囲が黒く縁取られているように見えることに由来する。子器盤に白い粉霜が生じる。

ヒメスミイボゴケ

姫墨疣苔
Amandinea punctata

- **分類**　固着／ムカデゴケ科／ヒメスミイボゴケ属
- **分布**　北～本。世界に広く分布する。
- **見つけやすさ**　やや難

- ●**生育場所**　クロマツ、カツラ、サクラなどの樹皮に着生。普通種だが目立たずに見落とされやすい。
- ●**特徴**　地衣体は灰白色または淡褐色。子器は直径約0.3mm、レキデア型、子器上面は平坦～凸状。

クロマツ樹皮上のコロニー　東京都千代田区

キッコウイボゴケ

亀甲疣苔
Aspicilia cinerea

- **分類**　固着／ニセクボミゴケ科／クボミゴケ属
- **分布**　本。アジア、ヨーロッパ、北米。
- **見つけやすさ**　やや難

- ●**生育場所**　日当たりの良い曝された場所の石垣や古い墓石など生育する。
- ●**特徴**　地衣体は灰白色、小区画に分かれる。子器は黒色、多数生じ、直径0.1–1.6mm、地衣体に埋没し、凹状または平坦、子器盤に粉霜はない。

東京都千代田区

ヒメホシゴケ

姫星苔
Arthonia pertabescens

- **分類** 固着／ホシゴケ科／ホシゴケ属
- **分布** 本。日本固有。
- **見つけやすさ** やや難

東京都千代田区　0.5 mm

- **生育場所** 低地のカエデやタブノキなどの樹皮に生える。都心でも確認されているが、目立たないため見落とされやすい。
- **特徴** 地衣体は灰白色または灰緑色。子器は地衣体に埋没し、幅0.3–0.6 mmでやや伸長して染みのように広がる。正確な同定には胞子などを確認する必要がある（胞子：無色～淡褐色、19–24 × 6–8 μm、隔壁6–7、隔壁の箇所ですぼまらない、薄い胞子膜がある）。

ニセゴマゴケ

偽胡麻苔
Anisomeridium polypori

- **分類** 固着／モノブラスティア科／ニセゴマゴケ属
- **分布** 北～琉。世界に広く分布する。
- **見つけやすさ** 難

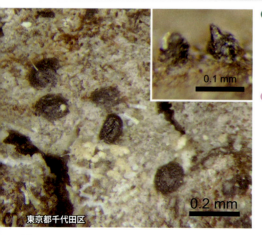

東京都千代田区　0.2 mm　0.1 mm

- **生育場所** 低地および山地の広葉樹や針葉樹の樹皮に着生する。都心部でも確認されているが、目立たないため見落とされやすい。
- **特徴** 地衣体は灰白色または淡灰緑色、不規則に広がってはっきりしないこともある。子器はあまり生じない、被子器、黒色、半円錐形、直径0.15–0.25mm。粉子器（写真右上）は多く生じる、黒色、直径0.08–0.15×高さ0.1–0.56 (–0.76) mm。

ヒメカシゴケ

姫樫苔
Cresponea japonica

- **分類** 固着／リトマスゴケ科／カシゴケ属
- **分布** 本。日本固有。
- **見つけやすさ** やや難

- ●**生育場所** 温暖な低地で半陰に生育するトウカエデやイチョウ、イヌマキなどの樹皮に生じる。小さく目立たないため見落とされやすい。神社・寺院の境内や皇居内などでも見つかっている。
- ●**特徴** 地衣体は薄く、ごく淡い灰褐色。子器はレキデア型で黒色、直径 0.3–0.8 mm、無柄、黄緑色の粉霜に被われる。粉霜は子器盤および子器縁部の頂部まで分布する。共生藻はスミレモ類。

東京都千代田区

ヤマトコナユキゴケモドキ

大和粉雪苔擬
Inoderma nipponicum

- **分類** 固着／ホシゴケ科／コナユキゴケモドキ属
- **分布** 北～本。日本固有。
- **見つけやすさ** やや難

- ●**生育場所** 低地で半陰に生育するトウカエデやタブノキ、アカマツ、カヤなどの樹皮や稀に岩上にも生じる。都市部にも見られ大気汚染に強いと思われる。普通種であるが、目立たないため見落とされやすい。
- ●**特徴** 地衣体は淡く灰色がかったオリーブ色。粉子器が多数生じる（写真右下）。子器は稀。子器や粉子器の表面に白い粉霜が厚く被う。地衣体と粉子器はK＋レモン色。

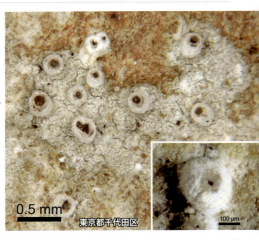

東京都千代田区

61

地衣類を用いた環境評価

　20世紀前半、世界各地の大気汚染の深刻な都市部から地衣類が消滅する現象が報告されました。ひどい地域になると、葉状や樹枝状となる大型地衣類が全滅して「地衣砂漠」とよばれる状態になっていることもありました。その後、野外調査や室内での実験によって、地衣類の消滅は大気中の二酸化硫黄が原因となっていることが確かめられたのです。

　日本においては、葉状地衣類のウメノキゴケ（→p.39）を中心として二酸化硫黄による大気汚染との関連が調べられました。その結果、二酸化硫黄の年平均濃度がおおむね0.02ppm以上の都市部の地域ではウメノキゴケが衰退していることが報告されました。日本の大気汚染は、1970年代までは工場から排出される二酸化硫黄がおもな汚染源になっていましたが、近年では自動車排気ガスによる複合汚染へと質的に変化したことが指摘されています。このような大気汚染の質の変化にともなって、ウメノキゴケの分布も変化することが分かっています。学校の課題研究などの活動で、地域内のウメノキゴケやその他の地衣類の分布や大きさなどを調べて、大気汚染との関連を調べてみましょう。

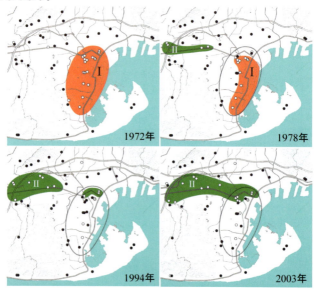

静岡市清水区におけるウメノキゴケの分布変化の例（調査条件を統一するために墓石上の個体を調査）。1972年には二酸化硫黄の年平均濃度が0.03ppm以上の工業地域でウメノキゴケの空白域（Ⅰ）が生じていた。二酸化硫黄汚染が改善すると空白域（Ⅰ）にウメノキゴケの再侵入が始まり、1994年にはさらに回復地点が増えていた。一方、交通量の増加にともない新たなウメノキゴケ空白域（Ⅱ）が生じて拡大していく様子も明らかになった。

地衣類を栽培してみよう！

　野外で地衣類が生えている場所において、同種の地衣類を栽培することは容易です。一方、実験室内で培養や栽培により地衣類を長期間継続的に成長させるのは困難です。これは、地衣類の成長には乾湿のサイクルや温度変化が重要であり、自然界の微妙な環境条件を人工的に再現するのが難しいためと考えられます。野外で地衣類を栽培する方法として、①地衣体をメッシュで基物に固定、②ネットの繊維上に固定、③両面テープで基物かアクリル板に固定、④フックでつり下げる、などが知られています。ここでは両面テープによる方法について紹介します。

①移植片作成のために別の場所から地衣類を採集してくる。
②裂片周辺の平坦な部分を直径5 mm程度の皮細工用ポンチでくり抜く（ハサミなどで四角に切っても良い）。
③設置場所の汚れを洗い、樹幹の東側か北側の高さ1.5－2 m付近に縦方向に移植片を両面テープで貼り付ける（横方向では方位が変わって環境条件が変わってしまうため）。両面テープは意外に強く付いており、大抵は脱落しない。
④設置後3ヶ月ぐらいから移植片の周辺部など微小な形態変化が現れてくる。できれば設置後から毎週1回記録写真を撮っておこう。

国立環境研究所内。2006年4月19日設置（左）。2010年8月19日（右）。

応用編　移植実験で大気の汚れを調べてみよう

　環境条件（基物、方位、高さなど）をそろえて地衣体移植片を設置し、大気汚染の影響を調べてみよう。移植片は複数設置する。写真はウメノキゴケ移植片の設置後8ヶ月後の様子。（静岡市清水区における実験。公園使用許可を得て実施）。Ohmura et al. (2009)

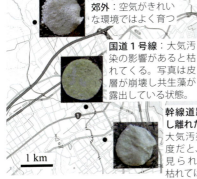

郊外：空気がきれいな環境ではよく育つ

国道1号線：大気汚染の影響があると枯れてくる。写真は皮層が崩壊し共生藻が露出している状態。

幹線道路から少し離れた住宅地：大気汚染が中程度だと、成長は見られないが、枯れてはいない。

アクリル板に貼る方法ではさらに環境条件を統一できる。（写真提供：大村千博。ナミガタウメノキゴケで実験）

地衣類でロウソクを染めてみよう！

　中世のヨーロッパでは、祭典に使う黄色いロウソクをロウソクゴケ（→p.21）で染めていたと言われています。本書で紹介したロウソクゴケやコウロコダイダイゴケ（→p.18）を材料にして簡単にロウソク染めができるので、挑戦してみましょう！

地衣染めロウソクに用いるロウソクゴケとコウロコダイダイゴケの採取。**A.** ロウソクゴケは、街路樹や公園に植樹されているケヤキの樹幹などに群落ができることがある。近縁のロウソクゴケモドキ属の種も同じ成分を含むので、そちらでも構わない。**B.** プラスチックのスプーンや竹べらなどを使って樹皮を傷つけないように採取する。**C.** コウロコダイダイゴケは、路肩のコンクリートブロックなど古いコンクリート構造物上に群落ができる。**D.** 霧吹きで水を含ませて、スプーンで掻き取ると採取しやすくなる。採取時には土色だが、ロウには黄色色素だけが抽出されるので心配ご無用。

用意するもの

①ロウソクゴケまたはコウロコダイダイゴケ。
②ロウソク作りに使う道具（100円ショップでほとんど購入可能）。
・ロウソク（3号5本で小さい紙コップに1個分のロウソクができる）。
・缶詰の空き缶。
・紙コップ（小）。ロウソクの型には、お好みでクッキーの型抜きやシリコンの型を使っても良い。クッキーの型抜きを使う場合はアルミ箔と油粘土が必要。
・割り箸。
・湯煎用の鍋またはフライパン。
・軍手かタオル。
・新聞紙。机や床にロウの破片や溶けたロウ滴が飛ぶことがあるので、あらかじめ作業スペースには新聞紙を敷き詰めておくと良い。
・アロマオイル（お好みで）。

作成手順（所要時間：約1時間）

①ロウを小さくして缶に入れる。ロウソクの芯はロウソク作りで再利用する。

②ロウを湯煎で溶かす。直火は引火する危険性があるので不可。ホットプレートを利用すると良い。

③ロウが溶けたら、地衣類を入れる。ロウソク3号5本に対して、ロウソクゴケまたはコウロコダイダイゴケをスプーン1杯程度が目安。地衣類の量を多くすれば、濃い色のロウソクに染まる。

④すぐに色が出て、オリーブオイルのような色になる。

⑤ロウソクの型を準備する。ロウソクの芯を割り箸に挟み、糸が紙コップの底ぎりぎりに当たるくらいの長さに調整しておく。クッキーの型抜きを利用する場合には、アルミ箔の上に型を置き、注いだロウが漏れないように周囲を油粘土でしっかり固めておく。

⑥茶こしで濾しながらロウを型に注ぐ。缶は熱いため軍手かタオルが必要。

⑦注いだら芯を挟んだ割り箸を上に置く。

⑧冷めて固まったら型から外す。

完成!! 型を変えれば様々な地衣染めロウソクを楽しめる。お好みでアロマオイルを溶けたロウに入れても良い。地衣類の量を多くすると色の濃いロウソクに染まる。

（参照：大村・藤野 2015）

リトマス試験紙を作ろう！

　小学校の理科実験でお馴染みのリトマス試験紙は、リトマスゴケという地衣類の化学成分を利用して作られていました（現在では化学的に合成されたもので製造）。リトマスゴケは日本にはありませんが、代わりにウメノキゴケ（→p.39）を使って簡単にリトマス試験紙を作ることができます。本種は都市部にはあまり見られませんが、空気がきれいな郊外の石垣上や樹木上には大きな群落が生じることがあります。材料を得ることができたら挑戦してみましょう！

用意するもの
- ウメノキゴケ
- 市販のアンモニア水（※市販品の濃度は25–28%程度）
- オキシドール

作り方

①ウメノキゴケから木片などのゴミを取り除き、10g量る（大体でよい）。

②瓶にウメノキゴケを入れ、3倍に薄めたアンモニア水100 mlと市販のオキシドール5 mlを注ぐ。
※アンモニアには刺激臭があるので換気の良い場所で行うこと。

③1日1回よくかき混ぜて、1ヶ月置く。次第にウメノキゴケの色が赤くなる。

④出来上がった原液を10ml取り、蒸留水で10倍に薄めると染色液の完成!!

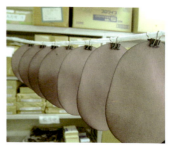

⑤染色液をバットに入れ、濾紙を浸して液をしみこませる。ピンセットで拾い、濾紙を乾燥させると、赤いリトマス試験紙ができる。

⑥乾燥させた赤いリトマス試験紙を水酸化ナトリウム溶液に浸し、乾燥させると、青いリトマス試験紙ができる。

⑦赤色・青色リトマス試験紙の出来上がり！
※適当な大きさに切って使おう。

青色リトマス紙を酢につけると赤くなった！（→酸性）

赤色リトマス紙を水酸化ナトリウム溶液（約5％）につけると青くなった（→アルカリ性）。

地衣類の化学成分の検出

　地衣類の共生菌がつくり出す二次代謝産物（主として芳香族化合物）を地衣成分と呼びます。700種類以上の化合物が知られていますが、それらのほとんが他の生物では見つかっていない地衣類特有のものです（約50–60種類は他の菌類や植物にも存在）。また、生産される二次代謝産物の量は、多くの種では地衣体の乾燥重量の0.1–10％程度ですが、中には30％を超えるものもあります。地衣成分の生物学的な役割については、共生藻に届く光の量の調整や紫外線からの保護、共生菌が共生藻の光合成産物を吸収しやすくする、抗菌・抗細菌作用、動物に対する忌避作用などが知られています。地衣成分を検出する簡易的な方法として顕微結晶法があり、広く研究者が用いている方法として薄層クロマトグラフィー（TLC）があります。さらに精度の高い方法として高速液体クロマトグラフィー（HPLC）などが用いられることがあります。

顕微結晶法

　地衣成分を結晶化する方法は1930年代に東京帝国大学の朝比奈泰彦博士によって開発され、各種成分の化学構造や代謝経路の解明などの研究が飛躍的に発展しました。顕微結晶法は、顕微化学的検出法やミクロ結晶法、ミクロ法とも呼ばれています。この方法は特別な化学分析装置や技術を必要とせず、特定の成分の検出には他の分析方法よりも優れている場合もあるので、現在でも用いられることがあります。以下に概略を示します。

1. 1cm^{2}程度の地衣体断片をスライドガラスの上に置いて、アセトンをかける（図1a）。
2. 溶媒が乾くと白っぽい粉が析出する（図1b）。
3. これをカミソリの刃などで集めてスライドガラス上に小さな山を作る（図1c）。
4. 氷酢酸やo-トルイジンのグリセリン溶液などの試薬（以下参照）をカバーガラスにつけて封入し、地衣成分を再結晶化させる（図1d）。

　〈再結晶用の試薬〉
　GE：グリセリン：氷酢酸＝1：3
　oT：グリセリン：エタノール：o-トルイジン＝2：2：1
　KK：5％水酸化カリウム溶液：20％炭酸カリウム溶液＝1：1
5. 顕微鏡で観察する（図2）。

図1

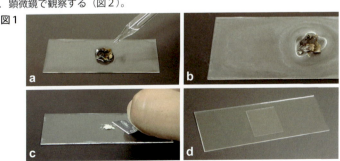

図2. 地衣成分の結晶。A. スチクチン酸（oT結晶。偏光板使用）、B. カペラート酸（GE結晶）、C. サラチン酸（KK結晶）、D. ウスニン酸（GE結晶）、E. アトラノリン（oT結晶）、F. ヂバリカート酸（GE結晶。偏光板使用）。

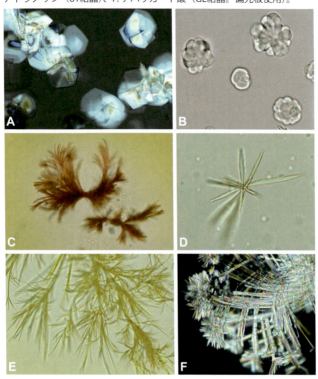

薄層クロマトグラフィー
Thin Layer Chromatography（TLC）

TLC法では、シリカゲルを薄く塗布したガラスやアルミ板などのプレート上に、地衣体からアセトンで抽出した溶液をガラス毛細管でスポットを打ち、これを展開溶媒によって地衣成分を分離します。研究機関での専門的な同定では日常的に用いられています。

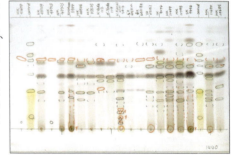

地衣類の採集と標本

　研究の基礎資料として、あるいは調査や分析・実験の証拠として標本を作製し保管することは極めて重要です。また、専門家に同定を依頼する際にも、標本が原則として必要になります。標本作りは、すでに現地での採集から意識して始められています。量が無駄に多すぎたり、少なすぎたり、ゴロッとしたものを採取してしまうと、美しい標本にはなりません。まずは、標本作製の基礎知識を覚えてから、採集に出かけるようにしましょう。

標本袋

　地衣類の標本は、「紙袋に入れてラベルを貼って保管する」、というスタイルが世界各国で採用されています。標本袋の大きさは研究機関によって多少異なりますが、国立科学博物館では、図のような大きさの標本袋を標準サイズとして用いています。これは新聞1ページの約1/6の大きさになります。この他に、標本のサイズに合わせて、新聞1ページの1/3、1/2、1/1程度の大きさの標本袋があります。

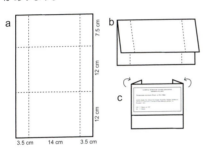

図．標本袋．縦31.5cm、横21cmの紙（スピカボンドやクラフト用紙など）をa→b→cのように点線に沿って折る。ラベルを貼って出来上がり（c）。

※ラベルには、種名、採集場所、着生基物、標高、採集年月日、採集者などを記入します。

採集

　上述の標本袋に採集品を納めることを意識して、地衣類の採集を行います。採集量の目安としては、"手のひらサイズぐらいの量"があると良いでしょう。樹皮、枝、岩などに生育している地衣類を採集するためには、写真に示したような道具を使います。なお、国立公園内等では原則として採集は禁止されています。それらの場所で採集する場合には、採集許可や入林許可などが必要となりますのでご注意下さい。

左上から採集用紙袋、ピンセット、剪定バサミ、ボタンノミ、皮裁包丁、たがね、ハンマー。左下からGPS、ルーペ。

街なかで地衣類を利用する動物たち

　人間にとっては価値がなさそうに思われてしまう地衣類ですが、自然界では地衣類がなくてはならない存在となっている動物たちがいます。都市部でも様々な動物が地衣類を利用しています。

シラホシコヤガの幼虫 レプラゴケを食するとともに身にもまとう。

チャタテムシ 地衣類の粉芽や皮層＋藻類層をよく食べる。

コマダラウスバカゲロウの幼虫（レプラゴケ類に潜むアリジゴク）（写真提供：杉元美友）

ミズイロレプラゴケ上にいたハダニ上科のダニ 地衣類を食し、この上で一生を終える。（同定：阿部渉）

フサヤスデの一種（同定：野村周平・秦原良輔）冬場にはマツゲゴケなどの裏側に潜んでいる。

クマムシ 極限環境でも生きられる動物として有名。（写真提供：阿部渉）

スジベニコケガ コケガ類の幼虫には地衣類を食べるものがいる。（写真提供：樋口満里、協力：神保宇嗣）

エナガの巣 ウメノキゴケ類をちぎって巣にクモの糸で貼り付けている。カモフラージュのためと言われている（資料提供：樋口亜紀）。

地衣類Q&A

Q1. 地衣類を観察できる季節はいつですか？

A1. 基本的に季節による消長がないので、一年中観察が可能です。なお、晩秋から春先にかけての季節は、木々が落葉して林の中が明るく、蚊も少なく過ごしやすいので、お勧めです。

Q2. 地衣類を家の中で育てられますか？

A2. 数ヶ月は生きています。一日1−2回霧吹きで水を与えると良いでしょう。ただし、高温多湿には弱く、湿りっぱなしの場所ではやがてカビが生えたりしてきます。地衣類の生育には乾湿のサイクルが特に重要で、風通しの良い場所が適しています。地衣類が枯れると、水をかけても緑色を帯びません（共生藻が枯れるため）。室内で何年も育て続けるのは難しいでしょう（長期間の室内栽培は試したことがないのでうまくいったら教えて下さい）。一方、野外での栽培は比較的容易です（→p.63）。

Q3. 地衣類は木を枯らしますか？

A3. いいえ、直接木を枯らすことはありません。地衣類は基本的に栄養を共生藻から得ており、木からは吸収しません。木が弱くなって枯れてくると日当たりや風通しが良くなり、地衣類が増えてきます。結果だけ見ると、木を枯らしているように思われてしまうようです。

枯木に垂れ下がるナガサルオガセ

Q4. 庭木などに着いた地衣類を除去したいのですが。

A4. 地衣類が存在しているのは一般に空気がきれいな証拠でもあり、木に直接影響を与えるわけではないので、そのままにしておいても問題ありません。しかし、見た目が気になる場合は、家庭用高圧洗浄機で除去すると良いでしょう。地衣類の成長には時間がかかるので、数年に一度処置すれば大丈夫です。

Q5. 地衣類の成長速度はどれくらいですか？

A5. 目安ですが、葉状地衣類で年間0.5–4 mm、樹枝状地衣類で1.5–5 mm、固着地衣類で0.5–2 mm程度だと言われており、地衣類は成長がとても遅い生き物だと言えます。しかし、これに当てはまらない種も多数あり、成長速度は

種の違いや環境条件によって変わります。速いものではツメゴケ類で年間約6cm育ったという報告もあります。

Q6. 地衣類の寿命はどれくらいですか？
A6. お答えするのが難しい質問です。地衣体本体は再生しながら生き続けるので、コロニーとしての寿命は100年を超えるものが多いと思います。生きた葉の上に生える地衣類は、葉の脱落とともに一生を終えるので、寿命は数年以内と短いです。ある種の微小地衣類や担子地衣類では、数ヶ月で子器や担子器が消滅するものもあります（ただし地衣体本体は長く生き残っています）。寿命が長いものでは、極域の岩上生の種で4500年ほど生きているのではないかと見積もられているものもあります。

Q7. 食べられる地衣類はありますか？
A7. あります。都市部で見られる種ではウメノキゴケ（→p.39）やマツゲゴケ（→p. 41）がインド料理のスパイスに用いられることがあります。本書で取り扱っていませんが、山間部の岩壁に生えるイワタケは江戸時代の料理本にも取り上げられているほどで、酢の物、サラダ、味噌汁、天ぷらなど様々な料理によく合います。その他、「雪茶」として売られているムシゴケはお茶として楽しむこともできます。

岩壁に生えるイワタケ（上）とイワタケの天ぷら（下）

Q8. 毒のある地衣類はありますか？
A8. あります。地衣類は広い意味できのこやカビの仲間であるため、毒成分を作るものもあります（ロウソクゴケに含まれるブルピン酸やコナアカムカデゴケに含まれるスカイリンなど）。しかし、毒成分が影響するのは、それらの地衣類を大量に摂取したときであり、通常は触れても何の影響もありません。

Q9. 地衣類は菌類と藻類の共生体とのことですが、地衣類の名前は、菌類と藻類のセットに対して与えられているのですか？
A9. いいえ違います。地衣類の名前は、菌類に対して与えられています。藻類には独自の名前があります。

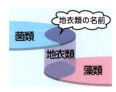

Q10. 地衣類はお店で買えますか？
A10. 買えます。これも街なかでの地衣類の楽しみ方の一つでしょう。プリザーブドフラワーの材料として売られている「アイスランドモス」や「レインディアモス」、「シルバーモス」などの正体は地衣類です。この他、鉄道模型店で売られている「ライケン」も地衣類のミヤマハナゴケやハナゴケなどが使われています。

市販の地衣類を利用した箱庭

Q11. 野外では、やはりコケ植物と地衣類との違いがよく分かりません。初心者でも分かる見分け方を教えて下さい。
A11. 非常に大ざっぱで、例外もたくさんありますが、まずは色の違いで見分けると良いです。コケ植物は葉を手にとって透かしてみると透き通った緑色をしています。地衣類は透き通らずに灰色っぽい緑色や黄色をしています。

コケ植物（左）と地衣類（右）

Q12. 地衣類の名前を覚えるのが難しいです。覚えるための良い方法はありますか？
A12. 私も苦手です。特に和名は研究の世界では基本的に使わないので、忘れてしまうことがあります。一方、学名で名前を覚えることは、最初はハードルが高いものの、慣れてくると系統立って覚えることができます。

Q13. 火星には地衣類が生えているって本当ですか？
A13. 生えていないと思います。地衣類は共生体なので、そもそも構成する菌類と藻類がそれぞれ進化して存在していなければいけません。両者が進化できる環境であるならば、地衣類以外の生物もそれなりに多様になっているはずですが、その可能性を示す証拠は見つかっていません。一方、宇宙空間に地衣類を1年半暴露した後も生きていたという実験報告があります。火星に地衣類を持ち込んで一定の期間ならば生理活動をほとんど停止した休眠状態で生きていることは可能かもしれません。

Q14. テレビを見ているとき番組内容よりも映っている地衣類の方が気になってしまいます。変でしょうか？
A14. 心配いりません。私もそうです。

イラスト：福本えみ

参考となる書籍
- 『原色日本地衣植物図鑑』吉村庸 保育社 1974
- 『校庭のコケ』中村俊彦・原田浩・古木達郎 全国農村教育協会 2002
- 『地衣類のふしぎ』柏谷博之 SB クリエイティブ 2009

参考となるウェブサイト
- 『国立科学博物館－地衣類の探究』https://www.kahaku.go.jp/research/db/botany/chii/
- 『地衣類研究会』http://lichenjapan.jp/
  地衣類研究会では、地衣類に関するホットな話題や専門研究を分かりやすく解説して紹介する会誌「ライケン」を発行している。それらの一部の記事や自慢の写真、観察会に関する情報などをウェブサイトでも紹介。子どもから大人までプロ・アマチュア問わず誰でも入会できる。
- 『Recent Literature on Lichens』http://nhm2.uio.no/botanisk/lav/RLL/RLL.HTM
  世界中の地衣類関係の文献のデータベース（英語）
- 『Index Fungorum』http://www.indexfungorum.org/Names/Names.asp
  地衣類を含む菌類の学名について検索できる（英語）

地衣類を楽しめる文学・芸術作品
- 『鹿の王』上橋菜穂子 角川書店 2014
  地衣類が物語の重要な要素となっているファンタジー小説。2015 年本屋大賞受賞。上橋先生が取材のために私の研究室を訪問されました！
- 『センス・オブ・ワンダー』レイチェル・L・カーソン（著）上遠恵子(訳) 新潮社 1996
  幼いロジャーが森の中のハナゴケの感触を無邪気に楽しむ様子を心温まる描写で語りかけています。自然の神秘さや不思議さに目を見はる感性「センス・オブ・ワンダー」を伝えるレイチェル・カーソンの遺作。
- 『虫のかくれんぼ』海野和男 福音館書店 1993
  地衣類に擬態する虫の写真が多く掲載されています。一体どうやってこまで地衣類に似たのか！と生物進化の神秘を感じることができます。
- 『森のなかの展覧会』冨成忠夫 山と渓谷社 1984
  森の中で地衣類が樹皮の上に織りなす幾何学的な造形美を独自の視点で切り取った写真集。

学名索引

A

Amandinea punctata ⋯⋯⋯⋯59
Anisomeridium polypori ⋯⋯⋯⋯60
Arthonia pertabescens ⋯⋯⋯⋯60
Aspicilia cinerea ⋯⋯⋯⋯59

B

Bacidina chloroticula ⋯⋯⋯⋯36
Botryolepraria lesdainii ⋯⋯⋯⋯24

C

Candelaria concolor ⋯⋯⋯⋯21
Candelariella
— *vitellina* ⋯⋯⋯⋯22
— cf. *xanthostigmoides* ⋯⋯⋯⋯22
Canoparmelia
— *aptata* ⋯⋯⋯⋯43
— *texana* ⋯⋯⋯⋯43
Chrysothrix
— *candelaris* ⋯⋯⋯⋯23
— *flavovirens* ⋯⋯⋯⋯23
Cladonia
— *caespiticia* ⋯⋯⋯⋯28
— *kurokawae* ⋯⋯⋯⋯27
— *macilenta* ⋯⋯⋯⋯29
— *ramulosa* ⋯⋯⋯⋯29
Coenogonium
— *kawanae* ⋯⋯⋯⋯20
— *pineti* ⋯⋯⋯⋯20
Cresponea japonica ⋯⋯⋯⋯61

D

Dirinaria applanata ⋯⋯⋯⋯54

E

Endocarpon
— *petrolepideum* ⋯⋯⋯⋯35
— *superpositum* ⋯⋯⋯⋯34
Enterographa
— *anguinella* ⋯⋯⋯⋯57
— *hutchinsiae* ⋯⋯⋯⋯57

F

Flavoparmelia caperata ⋯⋯⋯⋯25

G

Graphis
— *handelii* ⋯⋯⋯⋯56
— *rikuzensis* ⋯⋯⋯⋯55
— *scripta* ⋯⋯⋯⋯56
Gyalolechia flavovirescens ⋯⋯⋯⋯19

H

Hyperphyscia crocata ⋯⋯⋯⋯46

I

Inoderma nipponicum ⋯⋯⋯⋯61

L

Lecania erysibe ⋯⋯⋯⋯37
Lecanora
— *leprosa* ⋯⋯⋯⋯50
— *pulverulenta* ⋯⋯⋯⋯26
Lepraria
— *cupressicola* ⋯⋯⋯⋯49
— *finkii* ⋯⋯⋯⋯48
— *vouauxii* ⋯⋯⋯⋯24
Lichinella japonica ⋯⋯⋯⋯35
Lithothelium japonicum ⋯⋯⋯⋯36

M

Myelochroa
— *aurulenta* ⋯⋯⋯⋯44
— *leucotyliza* ⋯⋯⋯⋯44

P

Parmelinopsis minarum ⋯⋯⋯⋯44
Parmotrema
— *austrosinense* ⋯⋯⋯⋯40
— *claväuliferum* ⋯⋯⋯⋯41
— *tinctorum* ⋯⋯⋯⋯39

Pertusaria cf. *pertusa* ·········· 51
Phaeophyscia
— *hispidula* ················ 45
— — subsp. *exornatula* ········ 45
— *limbata* ················· 45
— *rubropulchra* ············· 30
— *spinellosa* ··············· 33
Physcia orientalis ············ 53
Physciella melanchra ·········· 31
Placynthiella icmalea ·········· 37
Porina
— *hirsuta* ················· 38
— *leptalea* ················· 38
Porpidia albocaerulescens ······ 58

Punctelia
— *borreri* ·················· 42
— *rudecta* ·················· 42

S

Scoliciosporum chlorococcum ··· 32
Sculptolumina japonica ········ 32
Squamulea aff. *subsoluta* ····· 18
Stereocaulon japonicum ········ 47

T

Trapelia
— *coarctata* ················ 52
— *placodioides* ·············· 52

和名索引

(★新称／太数字は解説ページ)

ア

アナイボゴケ科 ········· 24, 34, 35
アパトコッカス・ロバータス ··· 5
アラゲクロムカデゴケ ········· 45
イシクラゲ ················ 5
イワタケ ················· 74
イワニクイボゴケ ············ 2
イワノミドリゴケ ······ 14, **35**
ウスチャシブゴケ ············ 50
ウチキウメノキゴケ属 ········· 44
ウメノキゴケ ···············
　　　15, 25, **39**, 40, 44, 62, 67, 74
ウメノキゴケ科 ········ 25, 39–44
ウメノキゴケ属 ············ 39–41
ウメノキゴケ類 ········ 9, 10, 72
ウロコダイダイゴケ属 ········· 18
オオマツゲゴケ ·············· 41

カ

カシゴケ属 ················ 61
カラタチゴケ科 ·········· 36, 37
カワラタケ ·················· 5
キウメノキゴケ ········ 13, **25**, 43
キウメノキゴケ属 ············ 25
キゴケ科 ·············· 47, 48, 49
キゴケ属 ··················· 47
キッコウイボゴケ ······ 17, **59**
キマダラレプラゴケ★ ····· 12, **24**
キミチャシブゴケ ············ 50
クチナワゴケ ············ 17, **57**
クチナワゴケ属 ·············· 57
クボミゴケ属 ················ 59
クロサビコゴケ ········ 14, **37**
クロサビコゴケ属 ············· 37
クロムカデゴケ ······ 3, 15, **45**
クロムカデゴケ属 ······ 30, 33, 45
クロレラ ··················· 5

ケハリイボゴケ ………… 14, **36**	チヂレクロムカデゴケ ……… 45
コアカミゴケ ………… 13, **29**	チャシブゴケ科 ……… 26, 50
コウロコダイダイゴケ★ ……… ………… 12, **18**, 19, 64	チャシブゴケ属 ……… 26, 50
	ツノゴケ類 ………………… 5
コカゲチイ …………… 15, **46**	ツブダイダイゴケ …… 12, 18, **19**
コカゲチイ属 ……………… 46	ツブダイダイゴケ属 ………… 19
コガネゴケ …………… 12, **23**	ツブレブラゴケ ……… 12, **24**
コガネゴケ科 ……………… 23	ツブレブラゴケ属 ………… **24**
コガネゴケ属 ……………… 23	ツメゴケ類 ………………… 74
コツブダイダイサラゴケ…12, **20**	トゲウメノキゴケ …… 15, 39, **44**
コツボゴケ ………………… 3	トゲハクテンゴケ …………… 42
コナアカムカデゴケ ……………… ………13, **30**, 31, 74	ドテハナゴケ ……… 13, 27, **28**
	トリハダゴケ科 …………… 51
コナイボゴケ ………… 13, **26**, 50	トリハダゴケ属 …………… 51
コナウチキウメノキゴケ …… 44	
コナハリイボゴケ属 ………… 36	**ナ**
コナユキゴケモドキ属 ……… 61	ナミガタウメノキゴケ…15, **40**, 63
コナロウソクゴケモドキ★ …… ……… 12, 21, **22**, 23	ナメラクロムカデゴケ …… 14, **33**
	ナンゴクチャシブゴケ ……… 50
コナロゼットチイ …… 13, **30**, 31	ニセクボミゴケ科 ………… 59
コフキヂリナリア ………… 54	ニセコガネゴケ …………… 23
コフキバラゴケ ……… 16, **52**	ニセゴマゴケ ………… 17, **60**
コフキメダルチイ …… 16, 53, **54**	ニセゴマゴケ属 …………… 60
コマルゴケ …………… 14, **38**	ニセマキミゴケ ……… 13, **32**
	ニセモジゴケ ………… 17, **56**
サ	
サネゴケ科 ………………… 36	**ハ**
シアノバクテリア ……… 3, 5, 47	ハイイロウメノキゴケ属 ……… 43
シブゴケ …………… 14, **37**	ハクテンゴケ ………… 15, **42**
シブゴケ属 ………………… 37	ハクテンゴケ属 …………… 42
シラチャウメノキゴケ…15, 25, **43**	ハナゴケ …………… 75, 76
シロフチイボゴケ★ …… 16, **50**	ハナゴケ科 ……………… 27–29
シロムカデゴケ ……… 16, 53, **54**	ハナゴケ属 ……………… 27–29
スミレモ ………………… 5	バラゴケ …………… 16, **52**
スミレモ類 ………………… 5	バラゴケ科 ……………… 37, 52
	バラゴケ属 ………………… 52
タ	ヒカゲウチキウメノキゴケ…15, **44**
ダイダイキノリ科 ……… 18, 19	ヒナノハイゴケ ……………… 5
ダイダイサラゴケ科 ………… 20	ヒメウメノキゴケ属 ………… 44
ダイダイサラゴケ属 ………… 20	ヒメカシゴケ ………… 17, **61**
タナカウメノキゴケ★ ……… 43	ヒメクロマルゴケ …… 14, **38**

ヒメサネゴケ …………… 14, **36**	ムシゴケ ……………………… 74
ヒメサネゴケ属 ……………… 36	メダルチイ属 ……………… 54
ヒメジョウゴゴケ …… 13, **27**, 28	モジゴケ …………………… 16, **56**
ヒメスミイボゴケ ……… 17, **59**	モジゴケ科 ……………… 55, 56
ヒメスミイボゴケ属 ………… 59	モジゴケ属 ……………… 55, 56
ヒメダイダイサラゴケ …… 12, **20**	モジゴケ類 ………………… 57
ヒメホシゴケ …………… 17, **60**	モノブラスティア科 ………… 60
ヒメミドリゴケ ………… 14, **34**	
ヒメレンゲゴケ ……… 13, **28**, 29	**ヤ**
フタゴウオノメゴケ★ …… 16, **51**	ヤスデゴケ ……………………… 5
ヘリトリゴケ …………… 17, **58**	ヤマトキゴケ …………… 15, **47**
ヘリトリゴケ科 ……………… 58	ヤマトコナユキゴケモドキ ‥ 17, **61**
ヘリトリゴケ属 ……………… 58	ヤマトスミイボゴケ ……… 13, **32**
ホシゴケ科 ………………… 60, 61	ヤマトスミイボゴケ属 ………… 32
ホシゴケ属 ………………… 60	
	ラ
マ	リキナ科 ……………………… 35
マキミゴケ科 ……………… 32	リトマスゴケ ……………… 67
マキミゴケ属 ……………… 32	リトマスゴケ科 ………… 57, 61
マツゲゴケ ………… 15, 40, **41**, 74	レプラゴケ ……10, 16, 24, **48**, 72
マルゴケ科 ………………… 38	レプラゴケ属 ………… 48, 49
マルゴケ属 ………………… 38	レンダイゴケ ……………… 14, **35**
ミズイロレプラゴケ★ …… 16, **49**	レンダイゴケ属 …………… 35
ミチノクモジゴケ ……… 16, **55**	ロウソクゴケ ……………………
ミドリゴケ属 ……………… 34, 35	…………**12**, **21**, 22, 64, 65, 74
ミヤマハナゴケ ………………… 75	ロウソクゴケ科 ………… 21, 22
ムカデゴケ科 ……………………	ロウソクゴケ属 ……………… 21
……30–33, 45, 46, 53, 54, 59	ロウソクゴケモドキ ………… 22
ムカデゴケ属 ……………… 53	ロウソクゴケモドキ属 …… 22, 64
ムカデゴケ類 ……………… 10	ロゼットチイ属 …………… 31